城市里的小动物

[法] 简·巴蒂斯特·得·帕纳菲奥　著

[法] 玛丽昂·蒙田　　[法] 露西·里奥兰　绘

刘羽　译

GUANGXI NORMAL UNIVERSITY PRESS

广西师范大学出版社

·桂林·

CHENGSHI LI DE XIAO DONGWU

出版统筹：汤文辉　　　　　责任编辑：戚　浩
质量总监：李茂军　　　　　美术编辑：刘冬敏
选题策划：郭晓晨　张立飞　营销编辑：钟小文　宋婷婷
责任技编：郭　鹏　　　　　版权联络：郭晓晨　张立飞

著作权合同登记号桂图登字：20-2021-216 号

图书在版编目（CIP）数据

城市里的小动物 /（法）简·巴蒂斯特·得·帕纳菲奥著；（法）玛丽昂·蒙田，
（法）露西·里奥兰绘；刘羽译. —桂林：广西师范大学出版社，2022.1
（走进奇妙的大自然）
ISBN 978-7-5598-4406-4

Ⅰ . ①城… Ⅱ . ①简… ②玛… ③露… ④刘… Ⅲ .①动物－青少年读物
Ⅳ . ①Q95-49

中国版本图书馆 CIP 数据核字（2021）第 229418 号

广西师范大学出版社出版发行
（广西桂林市五里店路 9 号　邮政编码：541004）
（网址：http://www.bbtpress.com）
出版人：黄轩庄
全国新华书店经销
北京尚唐印刷包装有限公司印刷
（北京市顺义区牛栏山镇腾仁路 11 号　邮政编码：101399）
开本：889 mm×1 194 mm　1/16
印张：5　　　　字数：80 千字
2022 年 1 月第 1 版　　　2022 年 1 月第 1 次印刷
定价：49.00 元

如发现印装质量问题，影响阅读，请与出版社发行部门联系调换。

前　言

　　城市就像一座布满钢筋、混凝土和玻璃的森林，看上去并不是小动物们理想的容身之处。但是很少有人注意到，它们的身影其实出现在城市的每个角落，数量远比我们想象的要多得多！除了猫、狗等宠物伴侣，我们还经常遇到鸽子和麻雀，它们也是城市里的常住居民。若我们多加留意的话，也不难发现乌鸦、蝙蝠和鼠妇留下的痕迹，运气好的话，甚至还能见到一闪而过的狐狸和黄鼠狼呢！

　　我们每个人的家中也有微型生态链，处于这条生态链上的每种小动物都值得我们关注：体形稍微大一点儿的有蟑螂、蜘蛛、跳蚤及臭虫，肉眼不可见的是隐藏在床垫中的成千上万的螨虫。此刻，甲虫也许正在偷偷啃食木制家具，衣蛾已经把毛衫咬出了几个洞，黄粉虫和小老鼠正在厨房偷吃食物！

　　这些与我们共处一个屋檐下的小动物，往往是在我们毫无察觉的情况下利用着我们的生活物资。渺小的它们在人类的世界中摸索出了一套适合自己的生存法则，一代代繁衍着。尽管我们会因为它们的入侵而烦恼，会被异样的响动和气味打扰，但这些小动物是我们描绘现代城市时无法抹去的生动笔触，时刻提醒着我们思考该如何与自然界和谐相处的问题。

目　录

神出鬼没的小动物

    城市里僻静的街巷，就像童话故事中令人生畏的暗黑森林，总有神秘的身影出没。这些神秘的身影可能隐藏在靠近郊区的某些不起眼的灌木丛中，或寂静的无名水潭深处。它们不知何时会突然冒出来，从我们的眼前一闪而过。

狐狸

　　拥有漂亮的棕红色皮毛的狐狸是狗和狼的近亲，它们同属于犬科动物。与很多人想象的不同，狐狸的体形大部分都很小。它们通常生活在森林、草场或是荒原，喜爱的食谱上既有松鼠、野兔等小型啮齿类动物，也有鸟、昆虫、青蛙和水果。大多数狐狸居住在树洞或地下洞穴中，昼伏夜出，但北极狐习惯白天独自捕食，夜晚就和它的孩子们以及其他同类一起度过。不过有些"大本营"可不是北极狐自己建造的，而是狗獾或是野兔留下的。（稍微扩建下就能继续住了！）

狐狸还有别的名字吗？

　　大家熟知的狐狸其实就是赤狐，也被称为火狐，拉丁语学名是 *Vulpes vulpes*。在中世纪的法语中，赤狐被称作goupil。而在中世纪流行的动物故事集《列那狐的故事》里，由于那只叫作列那尔（Renard）的赤狐深入人心，法国人也就渐渐抛弃了goupil这个词，改用列那尔来称呼赤狐，并一直沿用到了今天。

◄ 它们喜欢城市的哪些地方？

随着城市的扩张，郊区的现代化改造也在加速，这一切都威胁着狐狸赖以生存的自然家园。难以在野外生存的狐狸们被迫来到了城市，却惊喜地发现这里不仅食物充足，还没有恐怖的猎人。渐渐地，它们习惯了人类的身影和气味，不再惧怕。聪明的狐狸从私家花园、公园、河岸两边的野地等处，悄无声息地潜入城市的中心地带。

有些人为什么不喜欢它们？ ►

试想下，在一个月黑风高的夜晚，马路上突然出现一只眼睛闪着光的野兽，是不是挺吓人的？狐狸是夜行动物，常在黑暗中出没，它们会将垃圾桶一个个掀翻，在里面寻找食物。的确，比起吃掉深夜里满大街流窜的老鼠，精明的狐狸明显更青睐人类丢弃的剩饭剩菜！有人不喜欢这种"生机勃勃"造成的惊吓，但对于不少人而言，能够在城市中看到野生动物仍是个巨大的惊喜。今天大约有2,000只狐狸生活在德国首都柏林；在英国首都伦敦，这个数字高达10,000！

你知道吗？

狐狸也会得狂犬病

患了狂犬病的狐狸十分可怕。如今，人类已经掌握了预防狂犬病的方法，但在过去很长一段时间里，这是一种非常棘手、致死率极高的传染病。狂犬病主要感染哺乳动物，狐狸、野狗和狼等都是高危群体。别忘了，人类也是哺乳动物，如果不小心被带有狂犬病病毒的奶牛或者蝙蝠咬伤，同样有染病的风险！狂犬病毒会侵入动物的大脑，使其性情大变，即使是平时最温和的小动物也会变得非常狂躁，成为极具攻击性的危险分子。

石貂

石貂是一种小型食肉动物，个头儿和猫差不多。它们有一身棕褐色的皮毛，从喉咙到胸前的部位点缀着一大块白色的毛，分外显眼。在鼬科大家庭中，有个和石貂长得极其相似的表兄弟，名叫松貂。要分辨它们其实并不难，因为只有胆大的石貂才敢在人类生活的地方活动。为了觅食，除了在野外寻找田鼠和鸟类之外，它们还常常跑到人们家中的阁楼里寻找家鼠，好让自己饱餐一顿。

石貂还有别的名字吗?

在古德语中，石貂的名字是马特尔（martre）；而在古法语中，人们称它们为榉貂（des hêtres）。石貂的拉丁语学名是*Martes foina*，意为"生活在树林中的鼬"。

石貂喜欢生活在森林和多石的悬崖、荒野地带，但它们也经常跑到城镇里转悠，一眨眼就爬上了屋顶。它们不需要溜门撬锁，便能轻松地通过直径仅8厘米的小洞潜入屋内。在公园和私家花园的掩护下，石貂可以从很远的地方进入大城市。在这里，有大量的鸟供它们尽情享用，它们有时候也会换换口味尝尝大老鼠。唯一的遗憾是，城市里的猫实在太多了，不仅和石貂抢吃的，还会跟它们抢地盘。

有些人为什么不喜欢它们？ ▶

作为"臭动物"榜单的常驻嘉宾，石貂以前常常被人们错认为是伶鼬、黄鼠狼或其他小型肉食动物，因此也被贴上了"冷血杀手""偷鸡贼"等标签。这样的负面形象日积月累，难以消除，以至于到了今天，很多人提到石貂仍然恨得牙痒痒，骂它们是"大坏蛋"。有些生活在城市的石貂钟情于啃咬橡胶制品，因此常会咬坏家里的雨鞋或是电线保护套。此外，它们又吵又难闻，在发情期尤为让人难以忍受。但石貂也并非一无是处，作为捕鼠能手，它们也许默默地帮了你很多大忙呢！

你知道吗？

石貂如何留下记号

尽管人类很少直接碰见它们，但判断家中有没有石貂其实并不难。首先，它们会在阁楼或者仓库的高处主动留下一堆极具辨识度的"纪念品"——呈螺旋状的粪便，一头粗一头细，里面含有半消化的豆子和骨头，还会散发出一阵阵令人作呕的臭味！其次，人们可能会在门前的泥地或者雪地上发现它们的爪印，大小和猫的差不多，五趾清晰可见。

神出鬼没的小品种

蝙蝠

蝙蝠种类很多，其中的伏翼既是体形最小的蝙蝠，也是城市中最为常见的蝙蝠种类。伏翼的翼展最长可达24厘米，但是它们的重量却不超过8克。蝙蝠通常一边沿着"之"字形路线飞行，一边捕食空中的昆虫，人们很容易辨认出它们飞快掠过的身影。大部分鸟类是日出而作、日落而息，而蝙蝠却是典型的夜行动物，不到日暮降临绝不出门。

蝙蝠还有别的名字吗？

在法语中，说起常见蝙蝠，通常指的就是伏翼。伏翼的拉丁语学名是*Pipistrellus pipistrellus*，源于意大利语的蝙蝠（pipistrelle）一词。

◄ 它们喜欢城市的哪些地方？

白天，蝙蝠喜欢躲在阁楼中，或是挂在百叶窗背后静静地休息。那些昏暗又隐蔽的角落就像大自然里的岩洞一样，给了它们极大的安全感。到了晚上，蝙蝠就会前往大型超市附近觅食。停车场上明亮的路灯会吸引成千上万的飞虫前来，这些飞虫正好成了蝙蝠的晚餐。如此惬意的生活吸引了越来越多的蝙蝠前往城市定居。在巴黎，一条废弃的隧道里可能就隐藏着上千只蝙蝠。

有些人为什么不喜欢它们？ ►

很多人谈蝙蝠色变，想到这些在黑暗中时隐时现的身影就忍不住开始颤抖……蝙蝠身手非常灵敏，可以在高速飞行中敏锐地捕捉到一只小蚊子的动静并把它吃掉。大部分的蝙蝠都不会主动攻击人类，而且它们在某些情况下，还会是人类的好朋友，请大家不要去伤害它们。

你知道吗？

回声定位法

蝙蝠的视力并不好，但即便是在漆黑的夜晚，它们依然能够畅通无阻地飞行，这全靠它们体内自带的声呐探测仪——回声定位系统。蝙蝠飞行时会发出异常尖细的叫声，由于这种声音的频率超出了人类听觉范围的上限，因此被称为超声波。这些超声波像海浪一样向前推进，遇到阻碍物则会折回形成回声，传到蝙蝠的耳朵里（就像我们在山谷中大声呼喊时，会听到自己的声音在空中回响一样）。借助回声，蝙蝠可以准确地判断四周的环境——哪里有几堵墙，树有多高多密，好吃的昆虫在什么地方，等等。

小嘴乌鸦

　　小嘴乌鸦全身黑得发亮，包括喙也是乌黑的。它们的翼展长达1米，它们不仅喜欢吃动物腐尸、昆虫和植物种子，还喜欢洗劫其他鸟类的窝。小嘴乌鸦总是成双成对地生活，由雄乌鸦和雌乌鸦一起筑起爱巢。它们通常会选择在树上或者悬崖边定居，用捡来的树枝搭好豪宅的基本结构，再在底部铺满舒适的干草和羽毛，最后点缀一些塑料碎片。在这里，雌乌鸦会产下3~5枚蛋，并花3周左右的时间进行孵化。小嘴乌鸦的雏鸟破壳而出后再等一个月左右就可以离巢独自飞行了。

小嘴乌鸦还有别的名字吗?

　　*Corvus corone*是小嘴乌鸦的拉丁语学名，这两个单词在拉丁语和希腊语中分别指代大乌鸦和小乌鸦。法语中也将小嘴乌鸦称作黑色鸦。

◀ 它们喜欢城市的哪些地方？

城市里随处可见的垃圾桶，对于喜欢腐烂食物的小嘴乌鸦来说，就像食物的百宝箱。况且这儿的树上到处都是鸽子和麻雀的窝，里面的鸟蛋和雏鸟更是顶级的美食诱惑。在居住环境方面，不管是公园里高大的树木还是居民楼的烟囱，都是小嘴乌鸦筑巢的理想场所。在不少城市，小嘴乌鸦的数量已经非常庞大，甚至比乡村里还多。

有些人为什么不喜欢它们？ ▶

传说每当有人即将死去，附近就会传来小嘴乌鸦嘶哑的叫声，因此它们一直被当作不祥的预兆。在农村，人们对这群偷谷子的贼深恶痛绝，白天刚刚播种好的地，夜晚就会被成群结队的小嘴乌鸦洗劫一空。在城市里，它们更是不怎么受待见——它们不是用自己的利喙将垃圾桶翻得乱七八糟，就是用难听的声音反复高声大叫，让人心烦意乱。

你知道吗？

鸟类中的爱因斯坦

乌鸦以高智商出名，它们拥有极强的适应能力，特别善于随机应变。在某次科学实验中，新喀里多尼亚乌鸦甚至成功地制作出了一件工具！当时，实验人员将一小筐粮食放置在一个透明圆管的底部，该只乌鸦利用锋利的喙将一根铁丝弄弯作为工具，成功取出了美味的谷子。此外，乌鸦还是藏东西的高手和专业演员，它们不仅喜欢隐匿食物，还能在被同伴撞见的情况下演戏，假装做出掩埋的动作，待同伴离开现场后再重新选择一处隐秘的地点藏好食物。

神出鬼没的小东西

六须鲶

在欧洲东部的河流中，六须鲶的长度可以达到3米，体重可以超过220千克！在法国，它们的体形稍微小一些，但仍是令人惊叹的庞然大物。巨大而扁平的脑袋、长长的触须……六须鲶和鲶鱼家族里其他同伴长相十分相似。喜欢独来独往的六须鲶通常生活在水流平静的河流深处。年幼时，六须鲶以淤泥里新鲜的小虫小虾为食；长大后，它们开始捕食其他鱼类、青蛙，甚至是在水面上玩耍的鸭子！

六须鲶还有别的名字吗？

六须鲶的拉丁语学名是 *Silurus glanis*，古时候也被称为摇尾鳗狗，以形容它们贪婪无度的贪吃本性。法语中也将六须鲶称为格拉纳（glane）或萨吕（salut）。

它们喜欢城市的哪些地方？

作为外来物种，六须鲶最早生活在欧洲一些国家人工建造的水塘中。但很快，它们的身影就遍布在欧洲西部众多的河流。后来，人们也能在城市浅浅的小池塘里发现它们的踪影。城市小池塘的水底富含淤泥和营养物质，以及多种多样的生物——比如六须鲶喜欢吃的虫子、水生昆虫以及螯虾。近几年，六须鲶也出现在法国的塞纳河和罗纳河等大河中。

有些人为什么不喜欢它们？

早期，六须鲶被当作新的养殖品种引进西欧。可如今，渔民却深受其害，因为六须鲶的出现对当地的渔业资源造成了毁灭性的打击。六须鲶不仅体形巨大，胃口更是惊人。在口口相传的恐怖故事里，它们可以一口吞下一只狗，甚至是一个小孩。不过这些传说始终没有任何证据可以证实，大概就跟"从动物园里跑出了一条食人巨蟒或一只吞兽鳄鱼"一样，想象杜撰的成分远大于真实的科学性。事实上，六须鲶虽然脑袋很大，嘴巴也大得吓人，但牙齿却严重退化，不可能伤害到人类。

你知道吗？

多功能触须

六须鲶脑袋上的长须其实叫作触须，2根长4根短，共有6根，它们均匀地分布在嘴巴两侧。这些触须是六须鲶的感觉器官，能帮助它们在泥潭里搜索食物的踪迹。一旦锁定了猎物的位置，六须鲶就会猛地张开大口，利用巨大的吸力将食物吞咽入肚。虽然触觉十分发达，但是六须鲶的眼睛却小得可怜，本就有限的视力在浑浊阴暗的泥水里，更是帮不上什么忙。

牙尖嘴利的小动物

　　"吱吱吱……""咔咔咔……""咚咚咚……"藏在不知道哪个角落里的小动物时常会发出一些奇奇怪怪的声音，让人心烦意乱。除了折磨你的耳朵，它们还会留下各种各样的"杰作"，比如毛衣上被咬出的破洞、被啃得乱七八糟的糕点，又或是一把千疮百孔的椅子。这些牙尖嘴利的小家伙真是人们家庭生活中的一大噩梦。

老鼠

　　老鼠是一种体形较小的啮齿动物，通常身长10厘米左右；尾巴和身体几乎一样长，也是10厘米左右；毛色一般是灰色或灰褐色。在自然界中，老鼠主要以植物种子以及水果为食；但是到了人类家中，它们可什么都吃，不管是巧克力还是肥皂，都能成为它们的腹中餐！雌鼠每年可以产下十几胎小老鼠，每胎都有5~6只。经过6周左右的时间，幼鼠渐渐长大，开始新一轮的繁殖。因此，只要不缺食物，老鼠就会以这样恐怖的速度传宗接代，建成一个庞大的老鼠帝国。

老鼠还有别的名字吗？

　　老鼠的拉丁语学名是 *Mus musculus*，意为"小耗子"。人们也把老鼠称为小灰鼠。

◀ 它们喜欢城市的哪些地方?

人类和老鼠的缘分要从几千年前讲起,那时有了农耕文明,人们开始耕种收获,家里有了谷物,老鼠也就成了形影不离的存在。随着人类的迁徙,老鼠的身影也出现在陆地上的每一个角落;即使是在偏僻的海岛上,只要有人,就一定少不了它们。老鼠会在人类的房子里,或房子旁边的库房、草棚中安家。可以说,人类是老鼠最大的靠山,既能为它们遮风挡雨,又能为它们解决温饱。

有些人为什么不喜欢它们? ▶

老鼠无孔不入,喜欢在墙上打洞、偷吃食物、随处大小便。家里的东西,凡是能吃的难免会被它们糟蹋,不能吃的也会被它们的排泄物弄脏。有些害怕老鼠的人,看到它们就会吓得跳起来。老鼠也十分惧怕见到人类,受惊时可以蹦起半米高,是它们身长的好几倍!这种鸡飞狗跳的场面,想想都让人气恼。不过,现在也有不少人饲养宠物鼠,觉得它们性格好又聪明,可爱程度不亚于迷你小香猪呢!

你知道吗?

荧光绿的老鼠

其实,人们常说的实验室小白鼠也是老鼠的一种。世界各地的研究人员饲养着数量庞大的小白鼠,用来测试新药的效果,或是探索基因的秘密。经过各种各样的基因改造,老鼠家族中也出现了一些奇形怪状的新成员——没有毛的、抵抗力低容易感染细菌死亡的、体形庞大的,等等。甚至还有一种绿鼠,因为体内多了水母的基因,还能发出绿色的荧光。

黄粉虫

　　黄粉虫属于鞘翅目昆虫，身形很小，在成虫状态下最多也只有2厘米长。它们虽然有翅膀，却不会飞。顾名思义，黄粉虫的生活环境和面粉有关。世界上每个堆放着面粉袋子的角落，都可能看到它们的身影。雌虫会直接在面粉中产下上百个卵。得益于身边无穷无尽的食物，孵化出的幼虫尽情地吸收营养，长得飞快。约50天之后，幼虫变身成另一种模样，即成为蛹。蛹约7天后变为成虫，再过5天左右，开始觅食，并进行交配繁殖。

黄粉虫还有别的名字吗?

*Tenebrio molitor*是黄粉虫的拉丁语学名，意为"面粉里的小黑虫子"。人们也把黄粉虫称为面包虫。

16

◀ 它们喜欢城市的哪些地方？

不管是在路边的副食店，还是在家里厨房的储物柜，黄粉虫从来不需要为食物发愁。除了最爱的面粉，它们还喜欢吃新鲜水果和蔬菜。至于住的地方，最好的当然是温暖又干燥的面包房啦，能满足黄粉虫所有的需求！此外，黄粉虫也不用担心喝水的问题——面粉本身自带一些水分，根本不需要额外补水。

有些人为什么不喜欢它们？ ▶

没人希望自己家的面粉里住着虫子。想象一下，你开开心心地烤了一炉面包，吃到一半发现里面有几只嘎嘣脆的黄粉虫，胃里定然会翻江倒海；又或者在家里做大扫除时，想起厨房角落里有袋面粉放了好久没动过，打开袋子一看，发现无数条黄粉虫在爬来爬去，那画面也是不忍直视。不过，黄粉虫绝非一无是处，它们有独特的经济价值——人工饲养的幼虫可以买回家喂鸟、喂爬行类宠物，或者用作钓鱼的诱饵，有时还能在实验室里为科学研究做贡献！

你知道吗？

虫虫美食新风尚

对于喜欢吃虫子的人来说，炸得金黄香脆的黄粉虫幼虫无疑是顶级美食。有人认为，食虫也可能是解决地球生态危机的一种新思路。越来越多的证据显示，大规模、工业化的畜牧业正严重威胁着地球的自然环境。如果不能吃牛羊肉，那么营养丰富、能为人类提供足够的优质蛋白的虫子，能否成为未来社会的流行食物呢？别忘了，虾和螃蟹也是黄粉虫的近亲呢！一切都有可能发生！

衣蛾

牙尖嘴利的小品�ㄏㄨ

衣蛾是一种小型夜蛾。在自然界，它们生活在鸟巢中，以鸟类羽毛碎屑为食。幼年形态的衣蛾是条小小的白色毛虫，可以消化掉角蛋白。角蛋白是构成鸟类羽毛和哺乳动物毛发、指甲的主要成分。幼虫渐渐发育成熟，会吐丝作茧把自己包裹在其中，等待化身为蛹。几天后，蛹就会羽化成飞虫，完成向成年形态转变的最后一步。这时的衣蛾将停止进食，专心完成繁衍后代的任务。

衣蛾还有别的名字吗？

衣蛾也被叫作幕衣蛾或皮毛蛾。它们的拉丁语学名为 *Tineola bisselliella*，在拉丁语中意为"扶手椅缝隙里的蛾子"。

它们喜欢城市的哪些地方？

由于衣蛾幼虫可以消化角蛋白，羊毛和蚕丝自然也在它们的菜单上。当人类开始将这些动物纤维作为纺织原材料时，衣蛾也走进了人类的生活。渐渐地，全世界各地都可以看到它们的身影。人类居住的房屋更是衣蛾理想的大食堂，从地上铺着的毛地毯，到满满当当的大小衣柜，各种口味的食物任凭它们挑选。根据饮食偏好，衣蛾还可以被细分为不同的类别。它们有些喜爱皮草和柔软的羊绒衫，有些体形更小的则倾心于又粗又硬的羊毛。

有些人为什么不喜欢它们？

衣蛾产下的卵非常小，难以被人们的肉眼发现。更多的时候，人们是通过衣服上不知何时出现的小洞，判断出衣柜里可能有衣蛾幼虫。如果你打开柜子时，一只成年的衣蛾扑棱着翅膀飞出来，那或许整个衣柜都已经惨遭毒手了。除此之外，还要特别当心家里羽绒靠枕的枕芯（里面的填充物也是鸟类的羽毛）会不会被衣蛾盯上。对了，皮革装裱的书籍封面、自然历史博物馆里堆积成山的昆虫等动物标本，也容易招来这些不速之客。

你知道吗？

消灭衣蛾大作战

生产床垫和羊毛衣物的工厂，一般会使用专业杀虫剂来对付衣蛾。现在，也有通过设置"费洛蒙陷阱"的方法来灭虫，即通过收集雌虫在交配期散发的独特气味，将雄虫引诱至同一地点再统一进行灭杀。不过，因为雌虫身上的费洛蒙含量很低，要25,000只衣蛾，才能提取到足量的有效成分，因此，这种方法暂时难以大规模推广。

家具甲虫

牙尖嘴利的小品邮

　　家具甲虫也是一种小型鞘翅目昆虫，幼虫喜爱啃食木头。在自然界中，它们的生活习性和大家熟知的鼹鼠类似，后者在土里居住、打洞、捕食，家具甲虫则在树上安家、挖洞、进食。当幼虫发育完全后，它们就会蜕变成长着翅膀的成虫，寻找自己的另一半延续后代。交配完成后，雌虫会在木质结构的缝隙深处产卵，比如家中的木桌、木门、房梁等处。如今，已经很少能够在野外见到家具甲虫，反倒是有人类居住的地方更容易寻得它们的身影。

家具甲虫还有别的名字吗?

　　人们也将家具甲虫称为蛀虫（cosson）、小甲虫。它们正式的拉丁语学名是 *Anobium punctatum*，意为"没有生命的黑色斑点"，因为家具甲虫受到惊吓时会进入假死状态。

有些人为什么不喜欢它们？ ▶

小小的家具甲虫，威力可不容小觑。经过家具甲虫日复一日的辛勤劳作，用不了几年的时间，一根粗壮的木头就能被它们打出无数的秘密通道。看起来完好的家具，可能已经是千疮百孔，就像一片镂空的枯树叶，经不起风吹雨打，轻轻一碰就碎！发现家具甲虫的踪迹并不难，留心观察一下，家中的木质家具旁边，是否有一小堆不起眼的木屑正在一天天变高，家具表面是否有形状规则的小洞。如果有这两种情况，那你可要当心了，因为这是成虫交配后飞离时凿出的通道，它们正准备在你家中壮大队伍培育下一代呢！

◀ 它们喜欢城市的哪些地方？

在人类的家中，干燥的木制品随处可见——木地板、木门窗、木房梁、木家具、工具的木手柄……家具甲虫的幼虫从不挑食，不管是松木、橡木还是山毛榉，都是它们喜欢吃的。即便是材质非常坚硬的木材，也可能成为它们的食物。当空气湿度较大的时候，水分会渗入木制品中，滋生出的蘑菇等菌类植物，也会腐蚀木材。这时，等待了很久的家具甲虫有了可乘之机。

你知道吗？

死神之声的传说

有些人的家中，从房梁或者木墙板的深处，经常会传出清脆而规律的"咚咚咚"声。在迷信的说法中，这种神秘声音是在提前宣告家中某位成员的死讯，而怪声的来源也被称为"敲响丧钟的使者"。其实，这位"使者"是家具甲虫的一种。整件事也与灵异无关，而是甲虫求偶。为了吸引雌虫的注意，住在木头中的雄虫会用头猛撞木材内壁发出响声。很难想象，这样一只身长只有7毫米的昆虫，就能够把一家人吵得难以入眠！

21

尘螨

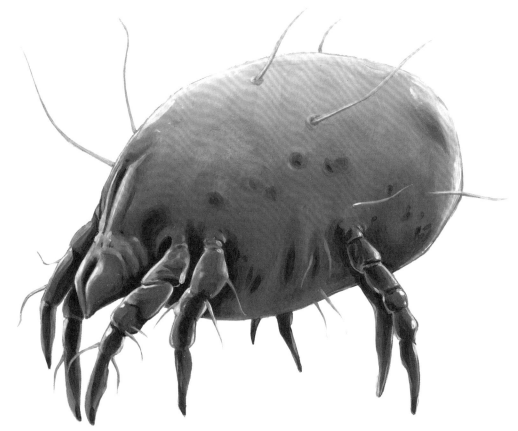

　　和蜘蛛、蝎子一样，螨虫也有四对足，也属于蛛形纲昆虫。螨虫中的尘螨是人类家居环境中最为常见的物种之一，它们数量庞大，遍布世界每个角落。它们主要生活在人类家中的床垫和枕头里面，但你也许从未注意到它们的存在，因为尘螨身长0.1毫米~0.4毫米，肉眼很难察觉。人类和动物身上脱落的皮屑是尘螨主要的食物来源。雌螨的寿命通常超过3个月，而且繁殖能力惊人，雌螨每次可以产下上百个卵。

尘螨还有别的名字吗？

　　尘螨的拉丁语学名是*Dermatophagoides pteronyssinus*，源于希腊语对另一种寄生在鸟类身上的螨虫的叫法，意思是"吃鸟毛、吸翅膀血的虫子"。

◀ 它们喜欢城市的哪些地方？

温暖舒适的床不仅是人类的温柔乡，也是尘螨梦中的天堂，这里温度和湿度都十分适宜，食物储存也非常充足！每天早晨，人们起床后收拾床铺、抖动被子、床单时，在阳光的照耀下看到空中飞舞的灰尘和碎屑就是尘螨赖以生存的食物，这也是它们紧紧追随人类的原因。人体自然掉落的头发、睫毛、死皮等数不清的毛发皮屑，是尘螨最重要的食物来源。尘螨不需要喝水，空气中的水蒸气就可以满足它们的生存需求。

有些人为什么不喜欢它们？ ▶

尘螨的数量惊人，从床上扫出的一克灰尘中都可能有数百只，但是没有人害怕它们。虽说"眼不见为净"，可看不到并不代表它们对人类的生活不会产生任何消极影响。事实上，尘螨的排泄物是导致人类患过敏性疾病的重要原因。每只尘螨每天都会排出20多颗粪便，因为几乎没有任何重量，尘螨粪便很容易随风飘起来，或是随着人们铺床、换床单的动作浮到空气中，若被人吸入肺里，则可能引发过敏。

你知道吗？

残暴的捕食者就在身边

每个人家中都有一些不被注意、默默落灰的角落，那里可能隐藏着数量可观的生物。还有不少和尘螨一样体形极小、以皮屑为食的碎屑食性动物生活在我们周围。在这个隐秘的群体中，缺乏攻击性的尘螨处于不利的位置，常被其他碎屑食性动物撕碎吞下。是的，在我们的眼皮子底下，就有这样一个奇妙的微观世界，它们有自己完整的食物链，而我们对此竟然毫无察觉！

鬼鬼祟祟的小动物

　　有些鬼鬼祟祟的小动物喜欢紧贴着地面，在角落里移动，和人类保持着若即若离的关系。它们移动的速度很快，总是一闪而过，难以被捉到；但它们的隐身技能却还没练到家，常在人们脚边时隐时现。不管是千足虫，还是只有四条腿的小家伙，都仿佛身怀移步换影绝技的特工。

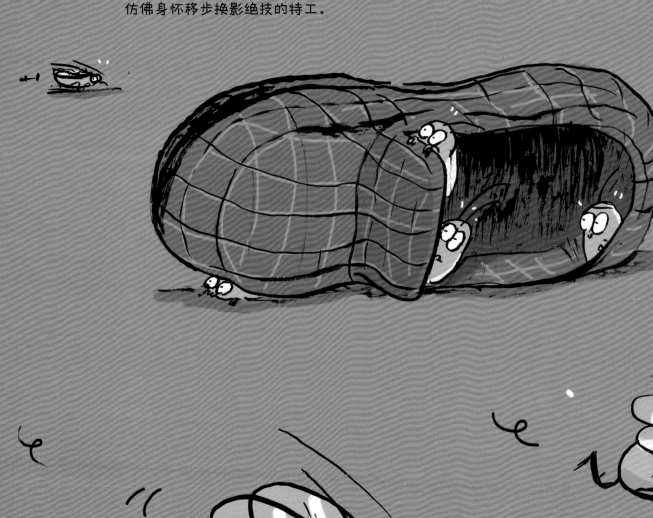

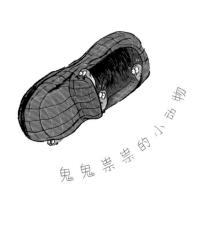

鬼鬼祟祟的小动物

德国小蠊

因为拥有顽强的生命力和极强的适应能力，德国小蠊有了一个广为人知的名字：打不死的小强。作为地球上最古老的物种之一，从石炭纪至今的3亿6千万年间，斗转星移、沧海桑田，而"小强"却依然保持着最初的模样，实在是不可思议！在蟑螂这个庞大的家族中，按个头大小可以分出无数的种类，但它们的生活习性都非常相似。德国小蠊身形扁平，通体棕色，一对长长的触角引人注意；长有2对翅膀，但是飞行能力已经严重退化。虽然名字中有"德国"，但是德国小蠊最早起源于亚洲，作为外来入侵物种渗入世界各个角落。

德国小·蠊还有别的名字吗?

拉丁语学名*Blattella germanica*，意为"来自日耳曼的有害昆虫"。法语里也将其称为蟑螂、卡法儿（cafard）或刚克拉（cancrelat）。

有些人为什么不喜欢它们？ ▶

听到"德国小蠊"这个名字，很多人的脸上都会不自觉地流露出厌恶的表情。的确，它们外表有些丑陋，不管是动来动去的触角，还是布满毛刺的六条腿，都让人心里发毛。德国小蠊鬼鬼祟祟的行动方式总会吓人一跳，你永远都不知道它们会从哪个角落突然出现在你面前，而后又会迅速消失无踪！更不要说德国小蠊常与垃圾堆为伍，哪里恶心就往哪里钻，携带着病菌和难闻的气味，又跑到厨房里与干净的食物来个亲密接触。除此之外，最让人头疼的还是它们"打不死、消不灭"的"钉子户"属性，除非有专业人员的帮助，否则很难在家中将其彻底清除。

◀ 它们喜欢城市的哪些地方？

"阴暗、不透风、安全、温暖、潮湿、食物充足……"如果采访德国小蠊，让它们描述自己的理想居所，以上标准大概是不可或缺的。像人类一样，德国小蠊也是杂食动物，我们吃的任何食物，它们都很喜欢吃！那些被我们不小心掉落到地上的食物残渣，就是它们最爱的自助餐。热闹喧嚣的白天，它们躲在家具阴影下最深的角落里，或者是墙上地下不起眼的凹陷处；到了夜深人静的时候，它们就会集体出动，四处搜罗吃的，从地板到储存食物的柜子，不漏掉任何地方。

你知道吗？

仿生蟑螂

科学家们研发出了一种超小的机器人，可以散发出和蟑螂身上一模一样的味道，因此会被德国小蠊当作同伴而主动亲近。这些以假乱真的机器蟑螂可以将德国小蠊吸引到平时不会去的陌生区域。科学家们希望通过这样的方法来操控德国小蠊的集体行动方式，让它们自投罗网，走进提前设好的捕杀陷阱中，从而帮助人们解决"小强"带来的问题。

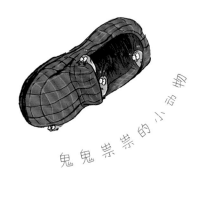

鬼鬼祟祟的小动物

衣鱼

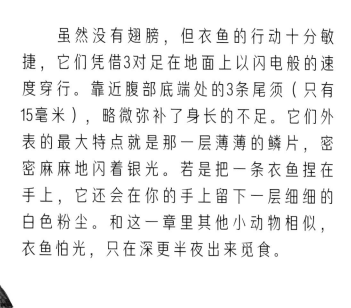

虽然没有翅膀，但衣鱼的行动十分敏捷，它们凭借3对足在地面上以闪电般的速度穿行。靠近腹部底端处的3条尾须（只有15毫米），略微弥补了身长的不足。它们外表的最大特点就是那一层薄薄的鳞片，密密麻麻地闪着银光。若是把一条衣鱼捏在手上，它还会在你的手上留下一层细细的白色粉尘。和这一章里其他小动物相似，衣鱼怕光，只在深更半夜出来觅食。

衣鱼还有别的名字吗？

它们的拉丁语学名为 *Lepisma saccharina*，意为"带有鳞片、仿佛抹了一层糖霜的虫子"，也被称为白鱼。

衣鱼一般会选择在寒冷潮湿的地方，找个小小的缝隙把自己完美地隐藏起来。在人类的家中也是如此，不管是墙缝、踢脚线的背后还是家具下面，它们总能找到属于自己的一方天地。食物方面，衣鱼喜欢吃旧报纸和一切含有淀粉的东西，比如啃陈年老书（以前精装书的硬质书皮都是用淀粉胶水粘上去的）、面点、糕点、面粉以及各种食物残渣。

有些人为什么不喜欢它们？ ▶

很多人会不自觉地讨厌衣鱼这样的小虫子，不论是瞥到它们在某个角落快速爬过，还是不小心差点踩到，都会有一种反胃的感觉涌上心头，仿佛天生就患有"虫子恐惧症"。事实上，衣鱼性情温和，不仅不会对人类造成伤害，还称得上是生活中的好帮手——它们身兼"清道夫"和"湿度计"两大要职，既可以帮助人们清理散落的残渣碎屑，还可以用自己的出现提醒房屋主人："你们家里的湿度可能太高了，要注意除湿哦。"

你知道吗？

长寿的古老物种

没有翅膀是衣鱼的标志性特点之一。大家可能会很好奇，为什么有些昆虫有翅膀，有些却没有翅膀呢？有两种可能：一些昆虫（比如跳蚤和虱子）原本有翅膀，却在进化的过程中，因生活习惯的改变而不再长翅膀了，属于自然淘汰的结果；而有一些昆虫原本就没有翅膀，比如衣鱼。早在4亿年前，衣鱼的老祖宗们就放弃了翅膀。衣鱼的另一个特点就是格外长寿，生命周期长达8年，这对于长为1厘米左右的小虫子而言，是非常罕见的。它们的长寿秘诀是什么呢？就是善用"省电"模式！当缺少食物时，衣鱼就会主动进入休眠模式以节省能量消耗，最长可以整整一年完全不进食！

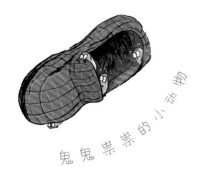

鬼鬼祟祟的小动物

壁蜥

　　这位颜值颇高的爬行纲成员，正是欧洲大陆上最为常见的一种蜥蜴。它们的身长不超过25厘米，其中有15厘米是尾巴的长度。虽然个头小，它们却是不折不扣的食肉动物，主要以蚊子、蜘蛛还有小蜗牛为食。壁蜥的一个特异功能就是拥有"隐身术"，它们的身体表面混合了灰、棕、绿等不同颜色，很容易将自己和周边环境融为一体，因此在自然界中难以被发现。壁蜥受法律保护，它们最大的威胁并非来自人类，而是来自城市中数量众多的野猫。

壁蜥还有别的名字吗？

　　它们的拉丁语学名是*Podarcis muralis*，前半部分来自希腊语，意为"步伐敏捷"，后半部分是拉丁语中的"墙壁"，合起来就是"爬墙很快的蜥蜴"。法语中也将之称为爬墙灰蜥蜴（rapiète）。

◀ 它们喜欢城市的哪些地方？

　　壁蜥喜欢生活在各种隐蔽的缝隙之中，如岩礁下、采矿场里、破旧的古城墙上等。相反，城市里的混凝土建筑，或是粉刷得十分光鲜亮丽的墙壁，并不太合它们的喜好。尽管有虎视眈眈的野猫需要留心防备，壁蜥在城市中的安全感还是比在野外高，毕竟这里的鼬科动物或是蛇类等危险的敌人比较少。

有些人为什么不喜欢它们？ ▶

　　很多人会将蜥蜴和蛇归为一类，它们的皮肤似乎散发着冰冷的气息，摸起来有一种黏腻的异物感，让人感到害怕和生理不适。事实上，壁蜥身上的鳞片干燥坚硬。虽然它们的行踪有些诡谲，有时会突然现身吓到胆小的人，但它们的确是一种温和可爱的小动物，人们完全可以放心地近距离观察它们！只可惜壁蜥数量并不多，在大城市更是难以寻到它们的身影。

你知道吗？

断尾求生

　　断尾求生是壁蜥等动物用于自卫的生存技能。当遭到天敌的攻击、被对方捉住尾巴时，尾巴就会自动断落。由于神经依然活跃，断落的尾巴会持续扭动，让捕食者一时难以做出判断和反应。趁着这几秒宝贵的时间，壁蜥会迅速离开，逃出险境！最神奇的地方在于，断掉尾巴的地方还会慢慢重新长出来。尽管新尾巴比原版短了些，也丑了点，但身体组织能够再生的情况在自然界中还是非常罕见的。这种再生本领也为生物学家提供了不少灵感。如果可以破解其中的奥秘，那么有朝一日类似的技术也可以造福人类。

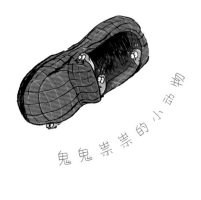

鬼鬼祟祟的小动物

鼠妇

很多人会觉得匪夷所思，长成这个样子的鼠妇竟然是螃蟹和虾的近亲！确实，鼠妇拥有7对足和2对触须（一对较长，另一对几乎看不到），是不折不扣的甲壳纲动物。虽然不像虾蟹一样生活在水中，但鼠妇对周边环境的湿度要求非常高。孕育后代时，宝宝也是在雌虫腹部充盈着液体的孵育囊中孵化的。一旦受到惊吓，鼠妇会立刻将自己蜷缩起来，让捕食者无处下嘴。不过，这一招也并不是百分之百管用，比如大型的天敌就可以轻松地把滚成一团的鼠妇囫囵吞下！

鼠妇还有别的名字吗？
鼠妇也被称为潮虫或者犰狳虫。它们的拉丁语学名是 *Armadillidium vulgare*，意为"常见的小犰狳"。

◀ 它们喜欢城市的哪些地方？

鼠妇喜欢在阴暗潮湿的环境中寻找腐烂的树叶吃。它们偶尔也会换换口味，比如吃点掉落在土里的蔬菜或是动物的尸体，这样的重口味源于鼠妇肠道内一些特别的菌种，可以帮助其消化掉纤维素。鼠妇喜欢在坚硬冰冷的物体表面开启它们的探索世界之旅。尽管常常成群结队地出现在石头下面或者各类缝隙中，但鼠妇群体之间并不会有过多交流或协作，喜欢自己过自己的日子。

有些人为什么不喜欢它们？ ▶

日常生活中，人类和鼠妇接触的机会不算很多，可能就是在给壁炉生火时，会在某块木头下面发现它们的踪迹。但很多人会自动把鼠妇描绘成"一种恶心的小虫子""生活在不能见光的地方""黏糊糊的""有毒，会咬人"……这些刻板印象并不完全符合事实。这种小小的生物无毒，温和又爱干净，摸起来也不恶心，触感干燥而坚硬。没错，鼠妇偶尔会啃食人们在菜园子里精心栽种的蔬菜，但它们并不算是有害动物。相较那一丁点破坏，它们能带来更多的帮助。在加速腐殖分解、维持生态自然循环上，它们起着至关重要的作用。

你知道吗？

动物界的神丹妙药

长久以来，鼠妇还有另一个重要身份——一味"包治百病"的药材。有人将它们晒干或碾成粉末，有人拿它们泡酒，甚至有人生吃鼠妇，据说有病人每天耐心地将300多只鼠妇捣碎、榨成虫汁当饮料喝！不过，很多偏方听上去更像是迷信，并非是有科学理论支持的有效治疗方案。比如说，某个偏方里写道：只要把9只鼠妇包进布中，再将这块布系在腹部，就可以缓解舌头僵硬的症状。这听起来是不是有些过于玄幻了呢？

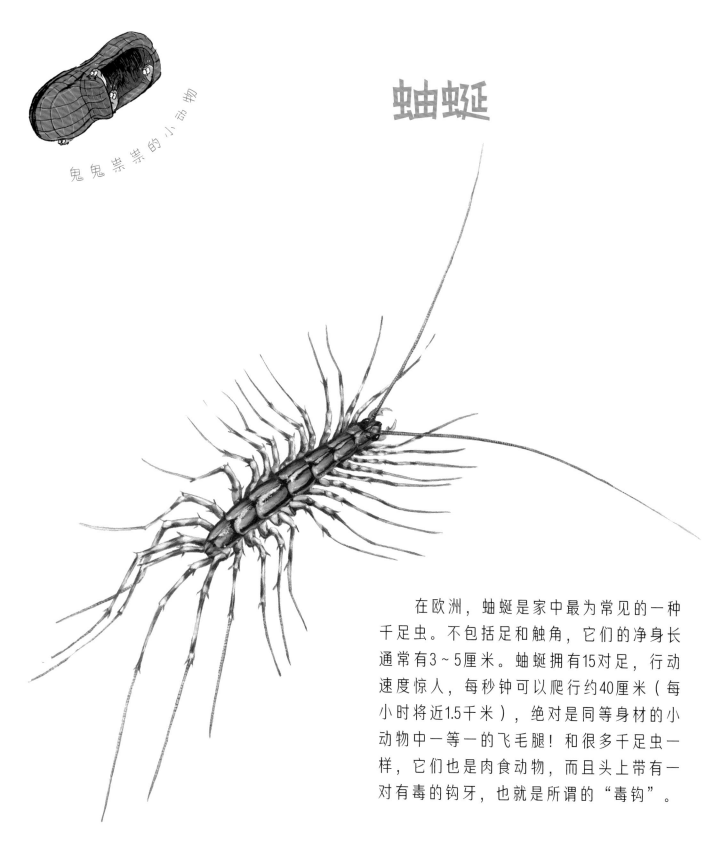

鬼鬼祟祟的小动物

蚰蜒

在欧洲，蚰蜒是家中最为常见的一种千足虫。不包括足和触角，它们的净身长通常有3~5厘米。蚰蜒拥有15对足，行动速度惊人，每秒钟可以爬行约40厘米（每小时将近1.5千米），绝对是同等身材的小动物中一等一的飞毛腿！和很多千足虫一样，它们也是肉食动物，而且头上带有一对有毒的钩牙，也就是所谓的"毒钩"。

蚰蜒还有别的名字吗？
它们的拉丁语学名为 *Scutigera coleoptrata*，意为"鞘翅目昆虫中的盔甲卫士"。

蚂蚁的
噩梦……

◀ 它们喜欢城市的哪些地方？

蚰蜒原本是地中海地区土生土长的物种，如今已经遍布世界各地，即使是在寒冷地带也可以发现它们的踪迹。在温暖的海边，蚰蜒栖息于岩石或破旧的城墙上；在稍冷一点儿的地方，它们则会选择到人类的家中寻求温暖。蚰蜒作为捕食者，令衣鱼、蚂蚁、蟑螂等小型昆虫闻风丧胆。如果在家中发现了它们，这也是在提醒房子主人，四周很可能还隐藏着无数其他小生物，是时候安排一次大扫除了。

有些人为什么不喜欢它们？ ▶

令人眼花缭乱的足、鬼魅般飞速移动的身影……蚰蜒的长相和习性同时踩中了"密集恐惧症患者"和"爬虫厌恶者"的雷区。虽然它们只在深夜出没，不在白天吓人，但是晚上把灯打开的那一瞬间，人们还是有可能和它们打个照面。如果一只蚰蜒被胆子特别大手速又特别快的人成功抓到，它会先释放出一阵难闻的气味来退敌，紧接着就会摆

好鞋大卖场

脚太多了，我还得再好好挑选一下……

出战斗的架势，准备用头上那对毒钩发动攻击。被蚰蜒咬到的人会感到一阵刺痛，有点儿像被一只胡蜂蜇了，但是蚰蜒的危险性远不及后者，因为它们的毒钩太小，难以穿透人类的皮肤组织。

你知道吗？

数不清的足

人们口中常说的"千足虫"其实可以被分为两大类。一类是多足纲动物，也就是蚰蜒，其足数远远低于倍足纲动物的足数，但是移动速度很快；另一类是倍足纲动物，移动不算特别快，足数有的可以高达几百只，是不折不扣的千足虫。和食肉的多足纲动物不同，倍足纲动物主要以植物为食。蚰蜒最前面的一对足也很有辨识度，不仅长度明显超出其他足许多，还和触手一样具有感知功能。这些手多脚多的小动物，一旦处于静止状态，人们便常常分不清哪里是头，哪里是尾，更难以判断它们接下来到底要往哪个方向移动。

你怎么戴耳环了？

不是耳环，是被两只蚰蜒缠上了，真倒霉！

始红蝽

鬼鬼祟祟的小东西

　　身着红黑色礼服、背部的图案酷似人脸又隐约像烈日，始红蝽凭借鲜明的形象特征在异翅目大家族里脱颖而出，让人过目不忘。尽管属于异翅目，也的确长着翅膀，但是始红蝽却是不具备任何飞行能力的！春天是始红蝽交配的季节，一对始红蝽情侣可以从早到晚一动不动地待在一起。和其他异翅目成员一样，成年的始红蝽形态几乎和幼年一样，只是个头会渐渐长大些。

始红蝽还有别的名字吗？

　　始红蝽的别名很多，比如宪兵、瑞士、战士、正午阳光、红色虫子等。它们正式的拉丁语学名是 *Pyrrhocoris apterus*，指"火红的、没有翅膀的虫子"。

◀ 它们喜欢城市的哪些地方？

　　始红蝽身上的图案像太阳，而且它们也确实喜欢晒太阳，人们常常会看到它们在凸起的树根上或干燥的墙头待着，感受太阳的暖意。若要问它们最爱的食物是什么，那毫无疑问是椴树的果实。嫩黄的小圆球里面充满着鲜美的汁液，始红蝽可以通过特有的口器享用。温度回升的春天或是晴朗的冬日，在阳光的呼唤下，原本在石头缝中沉睡过冬的成年始红蝽会集体苏醒，成群结队地在大树下集结。

有些人为什么不喜欢它们？ ▶

　　始红蝽会选择在最合适的季节（比如温暖的春夏）和最舒服的天气极有效率地完成繁殖大业，不管是速度还是数量都十分惊人。想象一下，成百上千的红黑大军突然在同一时间进行交配，这个画面的冲击力还是不小的，也难免会惊吓到一些人。不过不用担心，这是一种温和无害的昆虫，它们一般不会潜入人类居住的地方。它们主要通过口器吸食小块植物，以及一些昆虫尸体的汁液。和其他异翅目同伴不一样，始红蝽并不会散发出任何奇怪的味道。

你知道吗？

反伪装套路

　　始红蝽的众多别名，比如宪兵、战士等，都和它们的外表脱不开关系。在迷彩服发明之前，许多士兵的制服都是以红黑两色为主的。如果说现在设计迷彩服是为了让穿着者在野外更好地隐蔽，那此前的军服设计完全是相反的思路——军人，就应该万众瞩目、气势十足！华丽的色彩其实也是始红蝽自我防御的一种策略，是它们对周围捕食者无声的警告。除了看起来好像不好惹，始红蝽的滋味也苦涩得难以下咽。相信尝过一次的敌人一定会把这个红黑色的身影牢牢记在自己的美食黑名单上。

不讲卫生的小动物

　　论生物多样性，现代城市肯定无法与乡间田野相比。但若对比"粪便多样性"——一边是以数量取胜的狗、原鸽、家蝇等，另一边是以气味占优势的奶牛、狐狸和雄鹿——那还真是难分高下！

原鸽

大多数人都认识野鸽子，在过去的几个世纪里，它们一直是城市风景线中不可或缺的一部分。不过，大家真的能分清楚不同种类的野鸽子吗？城市里最常见的当然就是我们在这里介绍的原鸽，它们其实是家鸽的后代，从人工饲养的环境中逃离，回归野外自由生活。外观方面，原鸽最大的特点是羽毛颜色比较丰富，拥有灰色、棕色、白色以及黑色等不同色彩。近几年，另一种野鸽子开始在城市中疯狂圈地，数量以惊人的速度增长，它们就是木鸽，也叫作斑尾林鸽。它们的体形明显要比原鸽壮了一大圈，区别性的标志还有胸前带有光泽感的亮紫色羽毛，以及脖子上那条显眼的"白围巾"。这两种野鸽子的饮食习惯基本一样，它们都是杂食性动物，喜欢吃谷粒、水果、小虫子等。

原鸽还有别的名字吗？

原鸽的拉丁语学名是Columba livia，意为"铅灰色的鸽子"。法语中通常将其称作蓝灰色的野鸽。

◀ 它们喜欢城市的哪些地方?

在大自然中,原鸽一般会在悬崖峭壁或是岩石上筑巢;在城市里,尽管不少人在自己的房屋上特意加装了防鸟装置,但原鸽还是有充足的空间可以选择,比如在建筑物表面的凹处、房檐上,以及开放式露台的顶部安家。因为不挑食,它们也不用发愁如何在城市中养活自己。很多时候,原鸽根本不需要飞来飞去地觅食,爱心满满的城市居民会主动来投喂!渐渐地,它们也不再害怕人类接近,安全距离一再缩小,除非有人靠得太近才会做出逃跑的反应。它们甚至学会了如何躲避来往的汽车,会在马路上大摇大摆地四处溜达。

有些人为什么不喜欢它们? ▶

原鸽的粪便是城市治理的一大难题。原鸽粪呈酸性,会严重腐蚀建筑物和雕塑的表面。该种粪便不仅味道难闻,风干后还会分解成无数细小的粉末,可能会导致敏感人群过敏。除此之外,原鸽身上携带着众多细菌以及寄生虫。虽然这些细菌和寄生虫大部分只在鸟类间传播,但是也存在鸟传人的可能性。尽管如此,这些小家伙们还是有不少优点的。原鸽是老鼠的天敌,城市中两者的数量此消彼长。那么,人们在城市中应该怎样和原鸽和平相处呢?绝非将它们赶尽杀绝,而是要进行科学的控制,防止原鸽在城市里过度繁殖。

你知道吗?

信鸽比赛

鸽子善于认路,即使被带到离鸽舍很远的陌生地方,它们依然能在最短的时间内返回家中。古时候,人们就利用鸽子的这个特点来传递消息。人工饲养、经过训练的鸽子可以长途飞行,把绑在爪子上的信帛、纸条带到目的地,再将对方的回复带回出发地。在电话和电报发明之前的很长一段时间,世界上大多数军队都要依靠信鸽通信员来传递信息。如今的战场已经不再需要信鸽,但是养鸽爱好者们却将这个传统转化为一种竞赛形式。各家可以为自己的鸽子报名参加中距离或者长距离飞行比赛,能成功从1,000千米外的起点飞回到家中且用时最少的就是获胜者!

狗

要为大家科普狗的知识，这可真是一项困难又轻松的任务！一方面，地球上大概没有几个人没见过狗吧，难道还用得着介绍吗？另一方面，狗只是一个笼统的称呼，实际上品种众多，让人眼花缭乱！若要详细讲述每种狗的习性特点、彼此的差异，只怕是说上三天三夜也说不完。其实，在日常生活中，我们已经潜移默化地接触到不少相关信息。常见一点儿的比如吉娃娃，冷门一点儿的像是圣伯纳犬，相信迎面见到时，你一定可以不假思索地喊出它们的名字。如今，在世界各地分布着300多种狗，但最常见的还是杂交而来的串种狗，它们每一只都是既相似又不同，想要一一分清楚，那可能比登天还要难！

狗还有别的名字吗?

狗的拉丁语学名是 *Canis lupus*，意为"犬和狼"，这是它们的祖先灰狼的拉丁语名。狗的其他叫法也很多，比如源于阿拉伯语的卡波（cabot）、克雷巴尔（clébard）及克雷波（clebs），小孩了们口中的图图（toutou），当然还有野狗、猎犬、看门狗、狂吠恶犬等叫法。

◀ 它们喜欢城市的哪些地方？

狗其实并不喜欢城市的生活环境，但它们非常留恋人类和其他的狗伙伴。这种对陪伴的渴望，源于狗的祖先灰狼被早期的人类驯化成了家养动物。狼的野性慢慢被磨去，但狼那种对集体生活的忠诚却被保留了下来。对于狗来说，收养它们的人就是它们最爱的亲人，就是它们的全世界！在和人类相处的过程中，狗经常显得黏人又爱玩。不管是徘徊乡间田野的野狗，还是跟着主人在市中心咖啡店晒太阳的宠物狗，一旦看到了其他小伙伴，一定会激动地追逐打闹起来，根本停不下来。

有些人为什么不喜欢它们？ ▶

很多人都喜欢狗。可如果你走在路上不小心踩了一脚狗屎，还是会很不开心。某些城市街道上狗屎的分布密度确实高得可怕。为了消灭这些"毒瘤"，许多城市聘请专业人员，组建了专门的清理团队；有些国家明文规定主人遛狗时必须负责捡狗屎，否则将被处以高额罚款！除此之外，"怕被狗咬"也是很多人的心魔。千万不要随意招惹没有被好好训练过的狗，以及被专门挑选去参加斗狗比赛的恶犬，否则自己的人身安全很可能会受到威胁。

你知道吗？

狗屎味的高档皮货

很多年前，在城市中心还能看到一些制革作坊，工人们在里面认真地处理羊羔皮或是小牛皮，再把它们做成精美的皮具制品。只是那里往往臭气熏天，让人实在不愿驻足！待处理的动物皮通常带有原始的动物气味，闻着让人很难受，再加上鞣革业特殊的制作工艺，就更是令人唯恐避之不及了。那个时候巴黎的鞣革工人会直接从大街上捡回狗屎和其他鞣剂混合搅拌成糊状，再把动物皮浸泡在里面，使其变得柔软且利用。

褐鼠

　　身材健硕的褐鼠源于亚洲，属于啮齿目。17世纪时，它们从东方来到了欧洲，和当地的小个子黑鼠抢夺地盘。到了今天，黑鼠的数量逐渐减少，褐鼠倒是在欧洲牢牢地扎了根。它们的五感分配很不均衡，视力较为一般，但嗅觉十分发达，听力也格外敏锐。一旦在舒适的环境中安定下来，褐鼠就开始以惊人的速度繁殖下一代。一只雌褐鼠每年可以孕育5胎，每胎最多能生下10只幼鼠！此外，褐鼠还是群居动物，常常展现出极强的"社交能力"。当几十只褐鼠生活在一起时，它们会通过对方身上的气味来判断是敌是友，并通过尖锐的叫声以及超声波传递消息。

褐鼠还有别的名字吗?

　　褐鼠的拉丁语学名是Rattus norvegicus，前半部分来源于古德语，后半部分来源于拉丁语，组合在一起是"挪威大老鼠"的意思。法语中也将它们称为褐家鼠、大灰鼠或沟鼠等。

◀ 它们喜欢城市的哪些地方?

褐鼠很喜欢城市,尤其是城市里那些阴森、昏暗、潮湿的角落,地窖或是地下隧道都是褐鼠理想的居所。不过要说它们的最爱,那当然还是黑暗的下水道了!对于褐鼠来说,下水道不仅环境适宜、食物丰富,而且易于藏身。再加上它们都是游泳冠军(虽然爬墙比不过黑鼠),可以在地下来去自如,随意徜徉!偶尔夜深人静之时,褐鼠也会悄悄返回地面,在垃圾堆里放开肚皮美餐一顿。

有些人为什么不喜欢它们? ▶

褐鼠偷偷摸摸的生活习性,光秃秃的长尾巴,加上常常在人类家里随意留下排泄物或者脏脚印,给很多人留下了负面印象。人类历史上几次造成巨大灾难的瘟疫,都是通过褐鼠身上的跳蚤传播开来的。直到今天,它们仍是钩体病和斑疹伤寒等众多传染病的中介。发狂的褐鼠非常危险,即使是体形大出它们很多倍的猫和狗,也不敢轻易招惹它们。

你知道吗?

改邪归正

在医药界的科研人员眼中,褐鼠是他们最得力的小助手。每当有新的药品问世,他们会先在褐鼠身上进行试验,观察它们是否会出现不良反应,直至确定药品不会对它们造成任何危险,才会继续进行下一步试验。经过动物实验和基因改造,一些新的褐鼠品种出现了,它们性情温和、与人亲近,成了啮齿动物爱好者们心仪的家养小宠物。

家蝇

家蝇起初可能是生活在热带地区的昆虫，但随着人类部族和家畜群的迁徙，它们的身影如今已经遍布世界的各个角落。雌家蝇每次在动物尸体或动物排泄物中可以产下100多粒卵，由于孵化出的幼虫可以直接在其中食用腐烂物质。家蝇的幼虫就是蝇蛆，成熟后开始化蛹，把自己包裹在一个坚固的茧中，准备最后羽化变身。几天之后，成虫形态的苍蝇破蛹而出，之后很快开始交配，并会在2~3周内结束自己短暂的一生。

家蝇还有别的名字吗?

家蝇的拉丁语学名是*Musca domestica Linnaeus*，是"家中的苍蝇"之意。

《家蝇最后的家族大合照》
（又名《两秒钟后惨剧即将上演》）

◀ 它们喜欢城市的哪些地方？

和褐鼠一样，家蝇也喜欢待在有人的地方。有了人类，它们就可以尽情地繁衍下一代。正常来讲，家蝇难以在寒冷的地区存活，但如今它们早已是北方地区的活跃分子，这要感谢地球人口的不断增加。人类还是家蝇的"保护神"。因为各种灭虫活动，家里的蜘蛛和蚰蜒越来越少，而没了天敌的家蝇就可以高枕无忧了！

有些人为什么不喜欢它们？ ▶

家蝇发出的嗡嗡声让人不胜其烦，它们碰过的东西更是让人想要立刻丢掉。不知道大家是否留意过家蝇的粪便，那些只有针尖大小的黑色小圆球，虽然不起眼，但里面可能藏着几百万个细菌，会严重污染食物。更糟糕的是，当它们停留在食物上时，会不停地排出分泌物，用来软化食物，让其变得更容易被它们消化；随后，家蝇会使用自己的口器吸取食物中的营养成分。这样一来，不知道有多少细菌就从它们的身上转移到了食物上面！

你知道吗？

爱跳舞的家蝇

和苍蝇、蚊子等双翅目家族其他成员一样，家蝇只有一对翅膀。双翅中的第二对翅膀其实已经退化成为平衡棒，也就是它们身体两侧的两根小棍，通过震动调节方向，帮助家蝇在飞行中保持平衡。家蝇不仅飞得很慢，时速仅有7千米（蜻蜓每小时可飞行50千米），而且动作极其不协调。但恰恰是这种歪七扭八、让人摸不着头脑的飞行姿势，可以帮助它们有效地躲避敌人的围追堵截。家蝇的另一个秘密武器就是复眼，那双眼睛为它们提供了极其宽广的视野，因此无论从哪个角度被偷袭，家蝇总能迅速察觉并及时逃走。

银鸥

银鸥的外貌特征十分明显——纯白的头颈、银灰色的后背和翅膀、长着红色凸起的喙，还有粉红色的脚。如果有机会近距离观察，你还会发现它们黄色的眼睛四周自带一圈橘色的"眼影"。虽然是一种海鸟，但最近几十年来，银鸥却更多地出现在城市居民的视线内，反而是海滩居民很难在海滨看到它们。它们或在城市的屋顶上定居，或在其他合适的地方筑巢。就算不太容易找到海草、干树枝、草皮这些天然的建筑材料，聪明的银鸥也会利用塑料碎片和硬纸壳让自己住得更舒服一些。

银鸥还有别的名字吗？

银鸥的拉丁语学名是 *Larus argentatus*，前半部分源于希腊语，意为"海鸥"，后半部分是拉丁语，意为"银色"。幼年银鸥的羽毛上有褐色斑块，因此也被称为灰海鸥（grisard）。在法国布列塔尼地区的方言中，银鸥被叫作古埃尔（gouëlle），这个词现在也用来形容贪吃的人。

◀ 它们喜欢城市的哪些地方？

一直以来，城市近郊的垃圾场是让银鸥流连忘返的觅食据点。作为受法律保护的物种，银鸥的数量近年来迅速上升，生活环境也显得拥挤起来。一对成年银鸥夫妇想在海边的悬崖峭壁边找个宽敞的地方，建一个爱的小巢变得越来越困难。此外，随着环保标准的提升，城市周边的露天垃圾场被逐步清理，银鸥也失去了它们最爱的免费自助餐厅。迫于生计，银鸥开始向城市转移，这里的钢筋水泥建筑可以为它们遮风挡雨。最重要的是，在这里不会饿肚子！

有些人为什么不喜欢它们？ ▶

如果说野鸽子是让城市居民不胜其扰的小魔王，那么银鸥就可以称得上是大魔王了！和很多鸟一样，银鸥也喜欢随时随地大小便。这些气味难闻的排泄物和银鸥为了筑巢而搜集的其他垃圾堆在一起，很容易弄脏房屋的檐槽，腐蚀房顶的保护层，还会影响手机信号接收。到了发情的季节，银鸥变得格外吵闹，甚至会凶猛地攻击接近它们的陌生人。银鸥还是有名的"空中杀手"，与其他鸟相比，它们更容易引发飞机的飞行事故。

你知道吗？

形形色色的海鸥

银鸥在城市中并不孤单，有很多好兄弟也生活在这里。比如红嘴鸥，它们的体形要比银鸥小得多，头颈是黑色的（冬天会变成白色）。虽然同样是杂食动物，但红嘴鸥不会在城市中筑巢，其他常见的还有小黑背鸥和黄腿鸥。除此之外，鸬鹚偶尔也会来到城市捕食小鱼，不过大部分时间它们还是生活在海边或者湖泊周围。

偷偷吸血的小动物

　　生活在城市里的人有一种天然的安全感，觉得原始丛林中那些野蛮血腥的故事离自己非常遥远。城市居民不用担心被鳄鱼或蟒蛇咬伤，也不必害怕会被水母蜇得昏迷不醒。但是城市中真的没有危险吗？也许是你从未发觉 —— 就在自己身边，其实隐藏着无数会吸血和蜇人的寄生虫。

偷偷吸血的小动物

人蚤

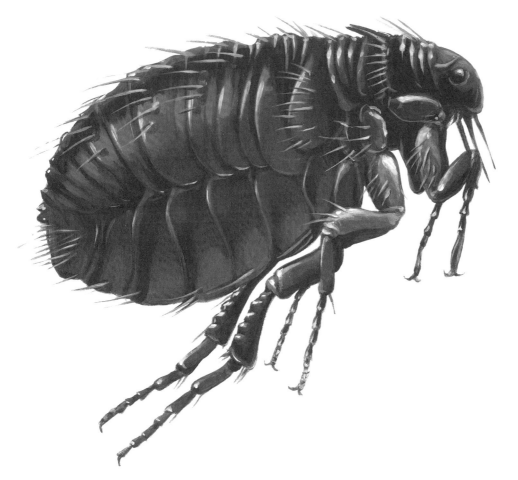

　　跳蚤虽然只是一种体形很小的深棕色昆虫，也是一种寄生虫。顾名思义，它们大多数时间都寄生在别的生物体上，但不会威胁对方的生命安全，后者就是它们的寄主（携带并用自己的身体供养寄生虫的生物）。借助尖锐坚硬的口器，跳蚤可以刺穿人类以及其他哺乳动物或是鸟类的皮肤，通过吸血来获取自己所需的生命养分。按照不同的寄主，跳蚤被分为3,000多个种类，其中就有我们这里提到的人蚤。不过现实情况比科学分类要复杂得多，比如人蚤其实也寄生在獾的身上，而猫蚤的寄主高达70多种，不仅包括松鼠和狗，还包括人类。

人蚤还有别的名字吗?

　　人蚤的拉丁语学名是 *Pulex irritans*，指的是"令人抓狂的跳蚤"，这也充分说明了人们对待它们的态度。

52

◄ 它们喜欢城市的哪些地方？

对于嗜血成性的人蚤来说，来到城市就仿佛是来参加一场奇妙的美食之旅！人血吸腻了还有猫血，猫血吸腻了还有狗血，狗血吸腻了还有其他不同口味的人血！人类家中的卧室也是它们心仪的育婴房，比如柜子有些松动的木板缝，人蚤刚好可以在里面产卵。卵中孵化的幼虫以各种碎屑为食，长大以后结茧成蛹，转化为成虫。茧中的人蚤极有耐心，可以在不吸血的状态下等待长达一年的时间。而外部环境一旦有风吹草动，比如木板上传来了轻微的脚步声，它们就会立刻接收到"食物来了"的信号，跃跃欲试，破茧而出。

有些人为什么不喜欢它们？ ►

虽然被人蚤吸血的那几秒人体几乎没什么感觉，但是被咬过的地方很快就会红肿发痒，让人忍不住抓来抓去，难受极了。在吸血的那一刻，人蚤会通过口器向人体注射一种预防血液凝结的特殊唾液，这种唾液会在皮肤上引发微弱的过敏反应，带来瘙痒感。人蚤也使多种流行病在不同寄主之间甚至是不同物种之间传播。除此之外，人蚤是跳蚤界有名的跳高冠军，人类看得到它们却不容易抓住它们；即使抓住了，也很难把这些又平又硬的小虫子立刻捏死。

你知道吗？

灭蚤神器

在法语里，"跳蚤"和"床"这两个词长得很像。因此不难推断，消灭跳蚤的关键就在床的四周！过去民间有不少偏方，比如在床上放一些草本植物，睡前涂抹点薄荷油或者马尿，跳蚤就不会靠近。有些方法确实会有奇效，但肯定不是全部。

偷偷吸血的小品物

床虱

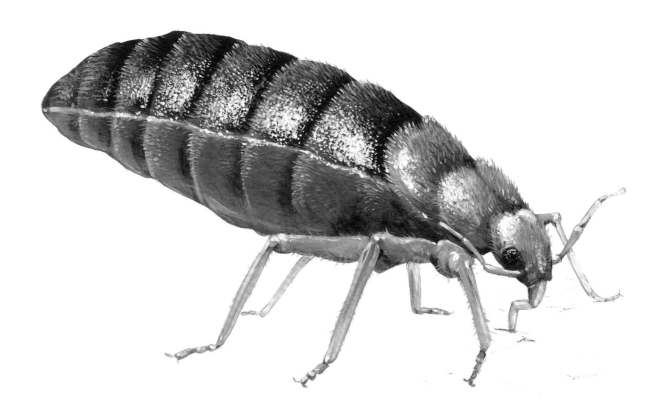

　　床虱是臭虫的一种，但和生活在花园里的臭虫不同，床虱没有翅膀，不会飞。不过这丝毫不影响它们的移动速度，它们依然可以凭借6条腿来无影去无踪，跑得飞快。这种身长不到7毫米的小虫子同样是个嗜血魔鬼，它们通常会在人类熟睡之际展开吸血攻势，有时候也会去骚扰褐鼠和家鼠。床虱秉承着"少餐多食"的生活习惯，3天才会吸一次血，但每次进食长达10～15分钟，直到把肚子撑成了一个圆滚滚、马上要爆炸的大气球才会停下！

床虱还有别的名字吗？

　　床虱的拉丁语学名为 *Cimex lectularius*，在拉丁语中是"床上的臭虫"之意。

◄ 它们喜欢城市的哪些地方？

从我们的祖先发明了睡觉的器具——床开始，床虱就再也没有离开过人类。夜晚，它们附在做梦的人身上安静地吸血；白天，它们选择在干燥又阴暗的角落安静地等待。床垫里面、墙壁细小的缝隙中、壁橱的裂痕处，甚至是贴得不牢的墙纸后面，都能成为它们的休息场所！在气候炎热的地区，床虱的数量会格外多。因为气温超过13℃，对它们而言是最适宜交配产卵的。如果不幸定居在一个空荡荡的房子里，床虱也不会太焦虑，它们可以不吃不喝饿着肚子等待好几年，直到主人从远方归来。

有些人为什么不喜欢它们？ ►

根据床虱的生活习性，我们有理由怀疑，它们和跳蚤、蚊子一样，也是传播流行病的重要成员，不过，这一点至今仍然没有被科学家们证实。但是，床虱爱咬人确实是铁证如山。被它们吸过血的地方不仅又痒又痛，而且通常是密密麻麻的一大片，有的人甚至一晚上就被它们咬了上百个包！除了让人身体受罪，别忘了床虱还是臭虫家族的一员，它们散发出的强烈恶臭会持续折磨人的嗅觉。

你知道吗？

强势复出

在很多国家，床虱本来已经销声匿迹了，但最近几年，它们却又开始频频出现在人类的视野中。喜欢户外登山徒步的人，常常会在其过夜的简朴小木屋里发现成群的床虱。这些小虫子会附着在徒步者的随身衣物或背包上，搭乘免费的顺风车，从一个营地转移到另一个营地。床虱强势回归的一大原因，就

是在与人类不断地"斗争"中，慢慢对杀虫剂产生了抗药性。这背后当然也是优胜劣汰的自然规律——当人类使用杀虫剂对付某些昆虫时，它们大部分会被杀死，但某些碰巧对化学药品不敏感的品种则会存活下来，并逐渐壮大，甚至演变成具有很强抗药性的全新品种，取代被消灭者的位置。这类现象在蚊子和床虱中最为常见。

蚜虫

小小的蚜虫利用带吸嘴的小口针吸吮植物的汁液，作为自己主要的能量来源。蚜虫的生活习性非常特别，通常是成群结队地聚集在一起，而且全部都是雌虫。夏季，它们以孤雌生殖，也就是没有雄性、单性生殖的方式产下后代！这种方法简单高效，短短几天，整个群体的数量就能翻上好几倍。到了秋天，开始出现雄蚜虫后代，这时雌雄蚜虫就会像绝大部分昆虫一样正常进行交配。它们的幼虫有一种特殊功能，就是会在卵中抵抗严寒，度过整个冬天。

蚜虫还有别的名字吗？

蚜虫的拉丁语学名为 Aphis，源于希腊语，意为"数量很多，密密麻麻的"。的确，蚜虫的种类繁多，人们通常会根据它们寄生的植物进一步命名，比如月季蚜虫、苹果树蚜虫、豌豆蚜虫等。

在城市里，蚜虫最喜欢聚集在月季丛、旱金莲和椴树这些汁液饱满的植物四周。正常情况下，雌蚜虫是没有翅膀的，但为了生存，它们会在此时产下有翅膀的下一代雌虫。有了翅膀后，它们就可以飞到旁边几米远的另一株植物上，而不必继续和大部队争夺食物。尽管有吃有喝，但生活在城市中的蚜虫每天却过着提心吊胆的日子，因为这里四处潜伏着它们的天敌，比如残酷无情的蚜虫杀手——瓢虫。

有些人为什么不喜欢它们？ ▶

家中有花园或菜园的人会对蚜虫恨得牙痒痒。蚜虫所到之处，植物经常生病，甚至死亡。除此之外，它们还容易招来蚂蚁。蚜虫吸食的植物汁液其实浓度不高，就像一杯味道寡淡的石榴汁。因此，为了吸收足量的糖分，蚜虫每次进食都像猛虎下山，恨不得把所有能吸的都吸进肚子。当它们的腹部已经撑得快要爆炸，吸食时又过十用力的时候，就会有少量蜜露通过直肠直接排出体外，而这些甜甜的液体刚好是蚂蚁的最爱！因此蚜虫所在之处，通常都会有一群蚂蚁跟着。

你知道吗？

蚜虫洒蜜

如果你喜欢在椴树林里散步，那应该经历过这样的场景——有时候会有一阵极细极柔、甜美芬芳的"花雨"从树枝间洒落。制造这些蜜露雨滴的不是别人，正是椴树蚜虫。日积月累，树上树下都会蒙上一层糖浆似的黏稠液体。只是这个糖浆的质量看起来好像不怎么样，里面总是有黑色的丝状物。蚜虫生产的蜜露会产生一种被称为烟灰霉菌的真菌，使植物的枝条和叶子看起来黏黏腻腻、脏兮兮的！如果想让树木恢复干净整洁的状态，其实也不难，给瓢虫先生"打个电话"，请它们的灭蚜小分队赶快来处理就行了！

家隅蛛

偷偷吸血的小动物

　　家隅蛛是人类家中最常见的蜘蛛种类，或者说是最容易被发现的一种蜘蛛。不算它们的大长腿，雌性家隅蛛体长可以达到18毫米，但雄性家隅蛛的体形会相对偏小。它们结的蛛网很有特色，一般结在墙壁的拐角或者窗户的旁边，形状很不规则，核心部分是一个细长的丝管，底部平坦，外面有很多横七竖八的蛛丝，将其与四周物体牢牢固定在一起。平时，家隅蛛就待在其精心布置的陷阱中耐心等待，一旦有小昆虫主动送上门来，它们会立刻跑过去死死咬住对方，绝不放过任何猎物。雌蛛一年四季都守在网中不动，而雄蛛则需要在秋天到来时离开"小窝"，踏上求偶之旅。

家隅蛛还有别的名字吗？

　　家隅蛛也被称为家蛛，拉丁语学名是*Tegenaria domestica*，意为"住在家里的、屋顶下的蜘蛛"。

◀ 它们喜欢城市的哪些地方？

家隅蛛一般会在石头堆里，或者是山洞的洞口处结网。但在城市中，它们喜欢生活在落灰的阁楼、阴暗的地下车库，还有无人打扰的闲置房间。藏在家中各个角落的苍蝇和蚊子很容易落入蛛网，成为家隅蛛的盘中餐。若是没有猎物光临也不要紧，家隅蛛可以保持不吃不喝的状态长达数月之久。人类家中也有它们不喜欢的地方，尤其是卫生间的陶瓷浴缸。平时动作敏捷的家隅蛛，遇到这种光滑平整的表面就脚底打滑，爬不上去，只能生生被困在原地。

有些人为什么不喜欢它们？ ▶

很多人都害怕蜘蛛，但又说不清楚自己究竟害怕什么。就像家隅蛛，都说它们会咬人，但事实上这种情况极少出现。只有被捉住时，家隅蛛才可能咬人。不过，家隅蛛的螯肢并不是很锋利，杀伤力不强。要说它们真的有什么烦人的缺点，那也应该是审美不太好。家隅蛛结的网粗笨得像一块破烂的窗帘布，灰头土脸的，上面积满了厚厚的尘土和昆虫尸体，挂在家里实在不太美观。不像住在花园里的亲戚圆网蛛，结的网轻盈优雅，而且富有几何美感，看上去就像能工巧匠编织的艺术品！

你知道吗？

嗜食同类

交配完成后，雄蛛一般会离开雌蛛的网。但有时候，它们无法全身而退，爱巢就此变成了坟墓。的确，不少雌蛛会选择袭击并吞下靠近它们的雄蛛。这种同类相食的现象，在蜘蛛家族中十分常见。雄蛛自己也了解和雌蛛交配的高风险，甚至欣然接受了自己可能会被吃掉的命运——有些在交配结束后不着急逃走保命，而是在一旁静静等待死亡的到来。

喜爱吵闹的小动物

你是否曾在深更半夜被野猫打架时刺耳的叫声吵醒，在清晨日出时被麻雀七嘴八舌的叽叽喳喳声吵得睡意全无？或是在黄昏来临时，被雨燕又尖又细的歌声搅得心烦意乱？城市里各种大嗓门的小动物似乎永远不会安静下来，总是你方唱罢我登场。可怜的人类只好在嘈杂的背景音中努力分辨汽车引擎的异响、汽车行驶声还有人类的窃窃私语声！

喜爱吵闹的小动物

喜爱吵闹的小动物

家麻雀

1874年在巴黎城内，家麻雀的数量是当地居民人数的3倍。家麻雀不仅是最为常见的鸣禽之一，更是城市里活跃的小动物和自然野趣的典型代表！生活在野外时，它们以谷物、植物种子以及昆虫为食；生活在城市中，有各种食物残渣可以享用。雄鸟区别于雌鸟的主要特征是脖子下方有大片黑羽，看上去就像戴了一块深色的口水巾。春天，家麻雀夫妇会选择在墙壁的凹陷处或者房檐瓦片的下方筑巢，准备生育下一代。雌鸟每次会产下5枚左右的鸟蛋，孵出的雏鸟大约3周后就可以独立生活。幼鸟离开后，家麻雀夫妇就又开始等待下一窝鸟宝宝的诞生，每年一共可以抚育3到4窝。

家麻雀还有别的名字吗？

家麻雀的拉丁语学名为 *Passer domesticus*，经常被叫作家雀，法语里也将其称作莫涅（moineau）或莫尼欧（maisons）。巴黎人习惯用"琵雅芙"（piaf）指代家麻雀，法国传奇女歌手艾迪特·琵雅芙的艺名小麻雀正由此而来。

19世纪

◀ 它们喜欢城市的哪些地方?

在自然环境中,家麻雀的生活习性非常随意,既不挑食物,也不挑住处。这种随遇而安的性情,在极大程度上帮助它们迅速地适应了纷繁复杂的城市环境,并舒舒服服地生活了下来。当马车还是城市的主要交通工具时,家麻雀就每天围着马粪转来转去。

21世纪

马粪里含有很多未完全被消化的谷物和种子,而且还会吸引不少昆虫围过来,这些都是家麻雀喜欢的食物。不过,随着现代化改造,马在城市中几乎彻底消失了,这也使得家麻雀数量在一段时间内断崖式下降。

有些人为什么不喜欢它们? ▶

家麻雀和鸽子一样,是城市中最常见的鸟类之一,但是家麻雀实在是太吵了!所以巴黎人给家麻雀取了"大嘴巴"的外号。春暖花开时,雄鸟从早到晚不停地唱歌,希望能吸引雌鸟的注意。等到它们终于成了家,孵出了雏鸟,又开始聒噪起来。每当家麻雀父母从外面寻到昆虫大餐归来,准备给孩子们喂食时,窝中的雏鸟们就使出全身的力气疯狂呼唤,急切到连喘气都顾不上了,只想能多分得一口好吃的!

你知道吗?

入侵物种

就像褐鼠和苍蝇一样,家麻雀也一直追随着人类迁徙的脚步。作为原产自欧洲和亚洲的物种,它们在1850年左右登上了美洲大陆,最先定居在纽约,然后又飞越整个美国,于1910年左右到达西海岸的加利福尼亚。之后,它们被引进至加拿大,加拿大希望它们可以帮助消灭树上的害虫。如今,不论是在亚洲、非洲、南美洲,随处都可以看到家麻雀的身影。只是对于当地居民来说,迎来这些会吃掉谷子和树木嫩芽的鸟们,不知道究竟是福还是祸。

喜爱吵闹的小动物

蟋蟀

蟋蟀似乎格外偏爱东南亚地区温暖的生活环境。如今，跟随着人类迁徙的脚步，它们遍布世界各个角落。在自然环境中，蟋蟀属杂食昆虫，吃树叶、种子、水果、食物残渣、其他小昆虫或昆虫尸体。和雄性略有不同的是，雌蟋蟀身上有产卵器——一条长长的细管从腹部的末端延伸出来，可以帮助其将卵输送到土壤的更深处。

蟋蟀还有别的名字吗？

蟋蟀也叫家蟋蟀，拉丁语学名为*Acheta domesticus*，两个单词分别来源于希腊语和拉丁语，意为"生活在家中的无毛昆虫"。

◀ 它们喜欢城市的哪些地方?

在冬季气候严寒的欧洲西部和北部,蟋蟀必须寻找一处温暖而且干燥的地方过冬。过去,它们通常会躲到人类家中厨房的角落,或是面包房的烤炉边。如今在巴黎,人们更容易在地铁长长的通道里遇到它们。因为蟋蟀几乎什么都吃,所以生存下去并不是什么大问题。它们对人类而言也有很高的利用价值,有些人会专门饲养蟋蟀,用来给人工养殖的蛇或青蛙加餐!除此之外,在某些国家,蟋蟀也是美食家们的心头好。

有些人为什么不喜欢它们? ▶

不少人会被蟋蟀单调重复的鸣叫声搅得不得安宁。其实,扰民的只有雄性蟋蟀,它们也并不是在"唱"歌,而是通过坚硬的鞘翅相互摩擦发出声音。蟋蟀的鞘翅边缘呈锯齿状,当一扇翅膀搭在另一扇上时,就像小提琴的琴弓搭在了琴弦上,可以通过振动发出高低不同的声音。领地意识很强的雄性蟋蟀利用这种方式圈定地盘,昭示自己的存在,既震慑了其他雄性不要靠近,也吸引了雌性同伴的注意。

你知道吗?

吉兆

从前,蟋蟀是人们家中的常客。很多人认为蟋蟀的出现可以将巫师和巫术挡在自己的家门之外,就连蟋蟀的叫声也被当作上天就要降下幸福和财富的信号。还有一种说法是,当家中有人生病时,蟋蟀的叫声会变得格外沙哑。总之,蟋蟀充满灵性的智者形象深入人心,并且被刻画在了著名的童话故事《木偶奇遇记》中。看到这里,你是否回想起了迪士尼翻拍的同名动画片里那位"蟋蟀先生"杰明尼呢?正是它,帮助木头小人匹诺曹变成了活蹦乱跳的小男孩!

家猫

　　猫作为家养宠物陪伴人类的历史可以追溯到1万年以前。在这漫长的岁月中，它们几乎没有什么改变，至少外貌看上去还是和从前差不多。鉴于这一点，人们常常觉得猫"野性难驯"，是一种冷漠又独立的动物。事实上，只需要晃一晃装着磨牙饼干的铁盒子，家里的猫就会循着声音跑来撒娇；又或者，在床上铺一床羽绒被，家猫一定无法抵抗那种温暖柔软的触感，会在上面赖着不走。处在这种情形下的家猫可谓高冷全无。和狗相比，家猫的品种明显要少许多，但仍然是超过了70个亚种的大家族。

家猫还有别的名字吗？

　　家猫的拉丁语学名是*Felis catus*，这两个单词分别来自古典拉丁语和晚期拉丁语中的"猫"。法语中延续高卢罗曼语的叫法，也将家猫称为马杜（matou）或米奈（minet）。另外，由于有些家猫的黑白配色很像法庭上书记人员的制服，加上有些猫喜欢用爪子翻弄主人写字的稿纸，口语中有时也会用书记官（greffier）来指代家猫。

◂ 它们喜欢城市的哪些地方?

如今在法国，生活着大约900万只家猫，其中有些只爱宅在家里，从不出门，但是大多数还是喜欢跑到外面溜达！它们会在街上等待熟悉的小伙伴一起玩耍，也会跑到不熟悉的空地或是陌生的公园里面，进行一场小小的探险之旅，满足自己对世界的好奇心。尽管家中的饭盆总是填得满满的，家猫从不需要为食物发愁，但它们并没有完全丧失捕食者的天性，依然以追逐猎物来取乐。一切小动物，尤其是体形较小的鸟，一直都是家猫玩虐的对象。统计显示，一只家猫每年平均会杀死4到5只小鸟。

有些人为什么不喜欢它们? ▸

在求偶的季节，公猫和母猫都会发出尖锐刺耳的叫声吸引对方注意，就像婴儿哭闹。除了耳朵受罪，人们的鼻子也会遭罪，因为猫尿格外骚臭，而这一特点正好被猫用来四处圈地、划分自己的势力范围。为了防止城市中的猫过度繁殖、数量失控，一些动物保护组织会定期开展针对猫的绝育活动，通过一个小手术，让它们无法再生育。

你知道吗?

真假野猫

除了在家里养尊处优的猫，城市里还有数量庞大的流浪家猫，也就是被遗弃的家猫。它们大多生活在废弃的房屋周围、荒废的空地、冷清的墓园内。流浪家猫虽然可以独自觅食，但也会温顺地接受爱猫人士的救济。但那些从城市逃离的家猫的后代，生活习性已经回归自然野性，不会轻易靠近人类。千万不要把流浪野猫和真正的野猫弄混了，真正的野猫警惕性极高，难以被普通人发现行踪。它们的体形也比流浪家猫大，尾巴上大多有一圈圈的黑色条纹。

喜爱吵闹的小动物

普通楼燕

在法国，每年的春季和夏季，普通楼燕会沿着屋檐一边飞行一边捕食昆虫，我们抬头就能欣赏到它们从空中快速掠过时，那一抹黑色的优雅身姿。很多人会把普通楼燕和常见的燕子弄混，它们确实长相趋同，都有燕尾服下摆一样分叉的尾羽。但实际上，普通楼燕属于雨燕目，而常见的燕子则属于雀形目。此外，从外形看，普通楼燕的翅膀更长，就像一把撑开的弓弩。待到夏天过去，也就是交配任务完成后，普通楼燕会在秋高气爽的时节开始一年一度的迁徙，从法国飞到非洲大陆的南端度过整个冬季。

普通楼燕还有别的名字吗?

普通楼燕的拉丁语学名是*Apus apus*，来源于希腊语，意为"无脚之鸟"。它们也被称为黑色雨燕或者弓弩手（arbalétrier）。

68

◀ 它们喜欢城市的哪些地方？

人类的各种活动造成了城市"热岛效应"，质量较轻的热空气会从地面上升到高处，而聚集在城市上方的这层热气流，正是最吸引普通楼燕的区域。它们可以在这里不费力气地翱翔好几个小时，顺便张口吃掉热气流带上来的成群的小飞虫。准备成家的普通楼燕会选择在老房子的屋檐下或者墙壁的缝隙处筑巢，主要的建筑材料是树叶和羽毛，它们的口水就是天然的黏合剂。普通楼燕会在飞行时将捕到的小昆虫暂时储存在自己的消化器官——嗉囊之中，等回到巢里，再吐出一个仿佛压缩处理过的圆球，让雏鸟们大快朵颐。

有些人为什么不喜欢它们？ ▶

如果说常见的燕子是细嗓门的高音选手，那么普通楼燕就是超级高音选手，它们从人的头顶飞过时传来的叫声异常尖锐，仿佛要穿透人的耳膜。庆幸的是，普通楼燕通常在1,000米左右的高空飞行，所以人类被它们的歌声骚扰的时候并不多！除去要注意保护听力外，人类对普通楼燕还是非常欣赏和感激的。它们在空中的飞行表演着实让人着迷，在每小时150千米的高速飞行中还能像空中杂耍般变换各种高难度动作；另外，普通楼燕还是"吃虫大户"，真真正正地帮助人类消灭了不少害虫！

你知道吗？

飞驰的睡美人

有一个很生动形象的比喻，说普通楼燕就像是空中版的沙丁鱼和鲭鱼。沙丁鱼和鲭鱼在水中漫无目的地游着，只需要张开嘴，就会有无数浮游生物进入它们的肚子；楼燕在空中自由自在地飞行，只需要张开嘴，就会有成百上千只微型昆虫，像浮游生物一般，在风的作用下直接进入它们的口中。黑

色的普通楼燕一生中大部分时间都在与蓝天白云为伴。它们可以在空中连续飞行几个月的时间，困了就闭上眼睛边飞边补觉，甚至交配也可以在空中完成。普通楼燕来到地面的原因其实只有一个，就是照顾不会飞行的雏鸟宝宝们。

欧亚喜鹊

　　单凭欧亚喜鹊这身黑白色晚礼服一样的漂亮羽毛，人们就很难把它们错记成其他种类的鸟。和它们的亲戚，比如小嘴乌鸦、渡鸦一样，欧亚喜鹊的喙也是纯黑色的，而且非常坚硬。它们的活动范围广泛，可以生活在树木稀疏的林中、灌木围起的大片田野上，也会出现在自然保护区或是公园里，即使在城市的中心地带看到它们也不奇怪。欧亚喜鹊是群居动物，社会化程度很高，一年到头都和相熟的小伙伴们一起行动。它们的鸟巢是一件讲究的设计佳作，通常搭在树顶，用纵横交错的树枝堆出一个直立的球体结构，甚至还封盖了巢顶，以防被乌鸦家族偷袭。

欧亚喜鹊还有别的名字吗?

　　欧亚喜鹊的拉丁语学名是 *Pica pica*。它们的别名众多，比如"偷东西的喜鹊""多嘴多舌的喜鹊"等。在法语中，依据叫声也将其称为阿嘎斯（agasse）或阿嘎什（agache）。

◀ 它们喜欢城市的哪些地方？

作为杂食性鸟类，欧亚喜鹊荤素不忌，什么都吃，比如水果、谷物、植物种子、一些小动物尸体，还有各种残渣剩饭，反正在街道上或公园里能找到什么它们就吃什么，一点儿都不挑剔。欧亚喜鹊的随心所欲还体现在它们酷爱偷鸟蛋的恶趣味上，它们总是把别的鸟窝洗劫一空。总之，它们在人类身边的生活舒心又安全，毕竟欧亚喜鹊唯一的天敌——大型猛禽几乎不可能来到热热闹闹的城市找它们的麻烦。

有些人为什么不喜欢它们？ ▶

"像只喜鹊一样喋喋不休""像只喜鹊一样大吵大闹""像只喜鹊一样长篇大论"……总之，在人们心目中，欧亚喜鹊就是"聒噪"两个字的化身。的确，它们不仅"话多"，嗓门还特别大，声音短促，尖锐刺耳地来回反复。欧亚喜鹊另一个令人诟病的地方在于它们迷恋偷东西，尤其是闪闪发光的小东西，像啤酒瓶的瓶盖、珠宝、银饰等，经常会被它们偷回家去装点自己的窝。像人类求婚时一样，欧亚喜鹊求偶时也会利用这些闪闪发光的东西为自己加分。这也是欧亚喜鹊被称为"贼鹊"的由来。

你知道吗？

魔镜啊魔镜……

部分喜鹊（并非所有）成功地通过了"镜子测试"，能够辨别出它们在镜子中的像就是自己，这或许可以证明它们具有一定程度的自我意识。在实验中，科研人员先在喜鹊的头部涂上一块带颜色的斑点，然后在它们面前放一面镜子。有些喜鹊很快就注意到了这块颜料斑点并做出反应，也就是说它们发现了自己身上有异常的情况出现。自然界中仅有极少数的哺乳动物可以通过"镜子测试"，比如黑猩猩和大象；而在鸟类中，除了欧亚喜鹊外，还没有其他种类在测试中表现出自我意识。